Christopher Klüss

Das Grünstromprivileg des § 39 EEG

GRIN Verlag

Bibliografische Information der Deutschen Nationalbibliothek:

Die Deutsche Bibliothek verzeichnet diese Publikation in der Deutschen National-
bibliografie; detaillierte bibliografische Daten sind im Internet über http://dnb.d-
nb.de/ abrufbar.

Impressum:

Copyright © 2013 GRIN Verlag GmbH
Druck und Bindung: Books on Demand GmbH, Norderstedt Germany
ISBN: 978-3-656-55452-3

Das Grünstromprivileg des § 39 EEG

Referat in dem Seminar

"Neue Entwicklungen im Energierecht"

SS 2013

verfasst durch

Christopher Klüss

6. Semester

Inhaltsverzeichnis

A. Einleitung

Den Klimawandel stoppen, den Ausstieg aus der Atomenergie wagen, diese Ziele führten einst zu einem Umdenken in der deutschen Energiepolitik, welches den Beginn der allseits diskutierten Energiewende einläutete. Die Bemühungen hierzu wurden nach der Atomkatastrophe von Fukushima weiter intensiviert. Neben den Erfolgen, beispielsweise stammt ungefähr 25 % des Stroms in Deutschland aus Erneuerbaren Energien,[1] wodurch vor allem eine signifikante Reduktion der Kohlendioxidemissionen erreicht wird,[2] ist nicht zu verneinen, dass sich durch sie auch vielfältige Probleme ergeben haben, die es zu lösen gilt. Exemplarisch zu nennen, wären der schleppenden Netzausbau und die Frage nach der zukünftigen Rentabilität von konventionellen Kraftwerken.[3] Eine Folge der Energiewende, die jedoch jeden einzelnen Bürger betrifft, ist schließlich die rapide ansteigende EEG Umlage, die von nicht privilegierten Endverbrauchern zu tragen ist. Von den Übertragungsnetzbetreibern wurde 2012 errechnet, dass sich die EEG Umlage 2013 von 3,53 ct /kWh auf 5,23 ct / kWh erhöhen wird.[4] Damit wird ein durchschnittlicher Haushalt[5] mit rund 185,- € am Ausbau der erneuerbaren Energien[6] beteiligt.[7] Die stark gestiegenen Vergütungssätze für Offshore Windenergie und Biomasse, sowie die anhaltend hohe Photovoltaik Förderung haben sicherlich zu diesem Anstieg beigetragen.[8] Als maßgebenden Faktor für den Anstieg der EEG-Umlage ist jedoch der sogenannte Merit-Order-Effekt, ein Sinken der Börsenpreise für Strom wegen des stark gestiegenen Einspeisevolumens aus EE, anzusehen. Jedenfalls hat auch der Gesetzgeber 2012 realisiert, dass die Belastung der Endkunden zu stark gestiegen ist. Auch aus diesem Grund, haben sich 2012 weitreichende Gesetzesänderungen im EEG, wie beispielsweise die Photovoltaiknovelle ergeben.[9] Ebenfalls wurde

---

[1] Cosack, ER, Heft 03/2012, S. I.
[2] Neben der Emission von Methan und Lachgas, trägt die Emission von Kohlendioxid wesentlich zur Luftverschmutzung bei. Röhrlich, Die Spur des Menschen, S. 128.
[3] Cosack, ER, Heft 01/2013, S. 28.
[4] eT, Heft 11 / 2012, S. 63.
[5] Ein Verbrauch von 3.500 kWh wird zugrundegelegt.
[6] Im Folgenden EE.
[7] Cosack, ER, Heft 03/2012, S. 119.
[8] eT, Heft 11/2012, S. 63.
[9] Cosack, ER, Heft 03/2012, S. I.

das Grünstromprivileg[10] überarbeitet. Die Fortentwicklung des Grünstromprivilegs sowie die umfangreichen Voraussetzungen desselbigen sollen im Folgenden als Teil der „Neuen Entwicklungen im Energierecht" geprüft werden. Abschließend wird die Funktion des Grünstromprivilegs im Fazit diskutiert und in das Gesamtkonzept des EEG eingeordnet, wobei auch die positiven und negativen Auswirkungen des Grünstromprivilegs darzustellen sind.

B. Der Novellierungsprozess des Grünstromprivilegs

Die klimapolitischen Ziele der Bundesregierung und des Bundesrats sind die Triebfeder der Energiewende. Das Grünstromprivileg[11] befand sich im Laufe des Jahres 2011 in einem grundlegenden Änderungsstadium. Nach 2011 wurde es, nun in § 39 EEG befindlich, zweimalig abgeändert.[12] Für ein näheres Verständnis der Steuerungs- und Förderungsfunktion des Grünstromprivilegs ist eine Analyse des Novellierungsprozesses unerlässlich. Im Folgenden wird dementsprechend zunächst der ausschlaggebende Gesetzentwurf der Bundesregierung zum 22.06.11 insofern dargestellt, dass die konträren Vorstellungen zur Gestaltung des künftigen § 39 EEG der Bundesregierung und des Bundesrates beleuchtet werden. Zuletzt ist ferner auf die Änderung des Grünstromprivilegs von der Fassung des 01.01.12 zum 20.12.12 einzugehen.

I. Zielsetzung des Energiekonzepts der Bundesregierung, Bedeutung des Grünstromprivilegs

Die Bundesregierung hat sich mit ihrem Energiekonzept hohe Ziele gesetzt, so soll der Anteil der EE in Deutschland an der Gesamtstromerzeugung auf mindestens 80 Prozent gesteigert werden.[13] In diesem Sinne ist der Bundesrat der Auffassung „das Grünstromprivileg sei derzeit das einzig wirksame

---

[10] Bis Ende 2011 in § 37 EEG verortet, nun in § 39 EEG.
[11] Zuletzt in § 37 des EEG der Fassung von 12.04.11 lokalisiert.
[12] Zunächst durch die Neufassung vom 01.01.12 weiterhin zum 20.12.12 (aktuellste Fassung).
[13] BT-Drucks. 17/6247, S. 1.

Instrument zur Markintegration der erneuerbaren Energien und müsse weiterentwickelt werden".[14]

II. Die Einspeisungsprozentsätze des Gesetzentwurfs

Die wesentlichen streitigen Komponenten des neu zu fassenden Grünstromprivilegs stellten die Anforderungen der Inanspruchnahme gemäß § 39 I Nr. 1 a und b dar. Je nachdem, in welcher Höhe die Prozentvorgaben hinsichtlich der Lieferung von Grünstromstrom veranschlagt wurden, war abzusehen, dass in Zukunft dementsprechend mehr oder weniger Energieversorgungsunternehmen[15] das Grünstromprivileg (bei Erfüllung weiterer Voraussetzungen) in Anspruch nehmen würden.

Vorausgesetzt wurde im Gesetzentwurf zunächst ein 50 prozentiger Anteil an EE insgesamt, also auch Biomasse, Grubengas und Wasserkraft (I Nr. 1 a), sowie ein 30 prozentiger Anteil fluktuierender EE, worunter Photovoltaik und Windenergie zu zählen sind (I Nr. 1 b).[16]

III. Stellungnahme des Bundesrates zum Gesetzentwurf

Die Stellungnahme des Bundesrates enthielt zu dem Gesetzentwurf 3 Änderungsvorgaben. Zunächst sollte der Gesamtanteil von EE nach § 39 I Nr. 1 a auf 70 % erhöht werden. Gleichzeitig wurde eine Absenkung des Anteils fluktuierender Energieträger auf 5 % anvisiert. Zuletzt weiterhin das Einfügen eines Absatzes 1a gefordert, welcher bestimmen sollte, dass die o.g. Prozentsätze „jeweils um 5 Prozentpunkte je Kalenderjahr vom Beginn eines Kalenderjahres an beginnend mit dem Kalenderjahr 2013" zu steigern seien. Ziel des Änderungsvorschlags sei es vor allem gewesen, durch einen niedrigeren Anteil an fluktuierenden Energien eine faktische Abschaffung des Grünstromprivilegs zu verhindern und durch eine niedrigere Eindeckungsquote von nur 5 % sicherzustellen, „dass die Inanspruchnahme des Grünstromprivilegs nicht zum Erliegen" kommen würde.[17] Dementsprechend

---

[14] BT-Drucks. 17/6247, Anlage 3, S. 22.
[15] Nachfolgend als EVU abgekürzt.
[16] Danner / Theobald, Energierecht, 76. Ergänzungslieferung 2012, Rn. 1-9.
[17] BT-Drucks. 17/6247, Anlage 3, S. 22.

hätten auch EVU mit einem sehr geringen Anteil an fluktuierenden EE das Grünstromprivileg in Anspruch nehmen können, sofern sie die relativ hohe Gesamtvorgabe an EE erfüllt hätten.

IV. Gegenäußerung der Bundesregierung

Im Gegenzug wurden von der Bundesregierung einige Änderungen vorgeschlagen. Zunächst sollte in § 39 I Nr. 1 b der Anteil fluktuierender EE auf 20 % abgesenkt werden. Desweiteren wurde eingebracht, dass die Anteile an EE nicht mehr in jedem Kalendermonat sondern nur noch einerseits im Jahresdurchschnitt „sowie im Durchschnitt von jeweils neun Kalendermonaten eines Jahres" einzuhalten sein sollten.[18] Es war klar erkenntlich, dass nach einer dementsprechenden Abweichung vom ursprünglichen Gesetzentwurf in der Tat eine leichtere Inanspruchnahme des Grünstromprivilegs, im Sinne des Anliegens des Bundesrates, gewährleistet sein würde. Insofern wurden die Änderungsvorschläge auch umgesetzt. Es konnten nun zukünftig eine Vielzahl weiterer EVU vom Grünstromprivileg durch die Herabsetzung des Anteils von Photovoltaik und Windenergie profitieren. Durch eine Abänderung der relevanten Periode in Absatz I Nr. 1 wurde zudem sichergestellt, dass „Ausreißer-Monate", solche Perioden mit einem naturbedingt geringeren Aufkommen fluktuierender Energien, zukünftig kein Problem mehr darstellen sollten. Andererseits wurden aber auch weitere Pflichten zur Inanspruchnahme, welche später noch genauer zu betrachten sind, durch § 39 II S. 1 präzisiert.

V. Das Grünstromprivilegs des 20.12.2012

Das Grünstromprivileg in der Fassung vom 01.01.12 wurde zum 20.12.12 wiederum abgeändert. Die bestehenden Absätze I und II veränderte man dahingehend, dass in I Nr. 1 b eine Einschränkung zur Anrechnung von Solarstrom aus Anlagen, die vor dem 31.03.12 in Betrieb gegangen sind, eingefügt wurde. Zudem wurde ein Absatz III hinzugefügt, welcher unter Einhaltung bestimmter Voraussetzungen regelt, dass auch EVU die 100 % solare Strahlungsenergie erzeugen und an Letztverbraucherinnen und Letztverbraucher liefern, das Grünstromprivileg in Anspruch nehmen können.

---

[18] BT-Drucks. 17/6247, Anlage 4, S. 33.

Schließlich wurde auch die Pflicht der Übertragungsnetzbetreiber in Absatz IV geregelt, ein einheitliches Verfahren zur Meldung der Inanspruchnahme der Verringerung der EEG Umlage, entweder aus Absatz I Nr. 2 oder Absatz III Nr. 2, zu schaffen, welches eine „automatische elektronische Mitteilung" sicherstellt.In Abschnitt C werden die neu eingefügten Absätze noch genauer zu untersuchen sein. Wie lange das Grünstromprivileg in seiner gültigen Form jedoch bestehen bleibt ist fraglich. Weitere Novellierungen des dynamischen Gesetzes sind wegen seiner Steuerungsfunktion zu erwarten.

C. Das Grünstromprivileg im Jahr 2013

Das zurzeit geltende Grünstromprivileg gem. § 39 EEG ist in 4 Absätze gegliedert. Zunächst enthalten die Absätze I und II Haupt- und Begleitanforderungen, die von EVU zur Inanspruchnahme des Grünstromprivilegs erfüllt werden müssen. Weiterhin eröffnet Absatz III eine zusätzliche Möglichkeit, vom Grünstromprivileg zu profitieren. Konkret Bezug genommen wird darin auf EVU, die ausschließlich Strom aus solarer Strahlungsenergie an Endverbraucher liefern. Abschließend enthält Absatz IV eine Regelung, die Übertragungsnetzbetreiber[19] verpflichtet, einheitliche Verfahren zur automatisierten elektronischen Übermittlung zwecks Erfüllung der Meldepflichten der EVU[20] zu schaffen. Die nachfolgenden Ausführungen befassen sich detailliert mit den Haupt- und Nebenanforderungen. Besonders die Direktvermarktung, die im Rahmen der Erfüllung der Nebenpflichten zu thematisieren ist, wird genauer unter die Lupe genommen. Schlussendlich sind die Absätze III und IV zu analysieren.

I. Hauptpflichten

Man unterscheidet zwischen 4 Hauptpflichten, welche EVU gleichzeitig zu erfüllen haben[21], um von dem Grünstromprivileg profitieren zu können. Sofern Haupt- und Nebenpflichten erfüllt werden, verringert sich die EEG Umlage für das jeweilige EVU um maximal 2 ct/kWh. Hierin besteht eine wesentliche

---

[19] Nachfolgend als ÜNB abgekürzt.
[20] Begleitanforderungen aus den Absätzen II und III.
[21] Auch materielle bzw. konstituierende Anforderung, siehe Salje, EEG 2012, S. 1099, Rn. 4.

Neuerung zum alten Grünstromprivileg, welches noch in § 37 EEG verortet war. § 37 EEG eröffnete noch die Möglichkeit, unter bestimmten Umständen, eine Gesamtbefreiung von der EEG-Umlage zu erreichen. Aufgrund des stetigen Anstiegs der Umlage[22], wäre dies nun nur noch möglich, falls die Umlage auf unter 2 ct/kWh fallen würde, was praktisch undenkbar ist. Die Erfüllung der Lieferquoten an EE ist die wohl größte Hürde für eine Inanspruchnahme. Die verbleibenden 3 Hauptpflichten sind schließlich eher bürokratisch administrative Voraussetzungen.

a) Erfüllung der Lieferquoten

1. Die Lieferquote nach § 39 I Nr. 1 a

Zunächst wird in Absatz I Nr. 1 a von den EVU, zur Inanspruchnahme des Grünstromprivilegs, verlangt, dass 50 % des Stroms, den diese an Ihre Endverbraucher liefern, Strom i.S.d. §§ 23 – 33 ist. Insofern wird eine Vielzahl von Energiequellen berücksichtigt. Möglich ist die Anrechnung von Strom der aus Wasserkraft, Deponiegas, Klärgas, Grubengas, Biomasse, der Vergärung von Gülle und der Geothermie erzeugt wird. Weiterhin ist auch fluktuierende Energie anrechenbar. Darunter versteht man Windenergie, egal ob Off- oder Onshore Windenergie[23], sowie solare Strahlungsenergie.

2. Die Lieferquote nach § 39 I Nr. 1 b

Schließlich muss das EVU auch Strom, der aus fluktuierender Energie stammt, i.H.v. 20 % am Gesamtportfolio an seine Endverbraucherinnen und Endverbraucher liefern. Die gesonderte Nennung dieser Voraussetzung wurde seitens des Gesetzgebers nicht ohne Grund vorgenommen, vielmehr soll darauf hingewiesen werden, dass der Sinn und Zweck des Grünstromprivilegs gerade auch darin besteht, diese schwer zu integrierenden Energieerzeugungsformen nachhaltig in das Gesamtsystem zu integrieren.[24] Sofern dieser Schwellenwert oder der Schwellenwert des Absatzes I Nr. 1 a auch nur geringfügig unter

---

[22] Bereits im September 2012 war abzusehen, dass diese im Jahr 2013 über 5 ct/kWh betragen würde / Cosack, ER, Heft 02/2012, S. 75.
[23] Unter Offshore-Windenergie versteht man die Erzeugung von Strom durch Windkraft auf See, unter Onshore-Windenergie die Erzeugung von Strom durch Windkraft an Land.
[24] Cosack in: Frenz, Müggenborg, EEG 2013, S. 1326, Rn. 22.

Bezugnahme auf die in § 39 I S. 1 genannten Zeiträume unterschritten wird, kommt keine Inanspruchnahme des Grünstromprivilegs mehr in Betracht.[25]

3. Analyse des Anteilserfordernisses

Nach § 39 I Nr. 1 a und b ist somit die Berücksichtigung von fluktuierender Energie denkbar. Demzufolge kommt eine Inanspruchnahme theoretisch[26] schon dann in Betracht, wenn 30 % des gelieferten Stroms aus den o.g. Energiequellen, die nicht zu den fluktuierenden Energien gehören, stammt und weiterhin 20 % des gelieferten Stroms durch die Nutzung von solarer Strahlungsenergie und Windenergie entstanden ist. Auf den ersten Blick scheint die Ausdrucksweise des Gesetzgebers ein höheres Anteilserfordernis zu fordern. Ob dies bewusst gewollt war, um eine schwierigere Inanspruchnahme des Grünstromprivilegs durch EVU zu suggerieren, ist fraglich. Jedenfalls profitiert das EVU doppelt von einer Erfüllung der in § 39 I Nr. 1 und 2 geforderten prozentualen Anteile. Eine Befreiung von der EEG-Umlage um maximal 2 Cent je kWh gilt nämlich nicht nur für den Anteil an EE der durch das EVU an Endverbraucher geliefert wird, sondern auch für die Anteile an konventionellem Strom, der grundsätzlich auch aus Kern- und Kohlekraftwerken stammen kann. Dies ergibt sich bereits aus dem Wortlaut von § 39 I EEG.

4. Weitere Erfordernisse

Zu diskutieren bleiben jedenfalls noch die weiteren Bedingungen des Absatzes I Nr. 1. Diese wären einerseits das Zeitraumerfordernis, andererseits das eingeschränkte Anrechnungsverbot für Strom aus solarer Strahlungsenergie. Wie bereits angesprochen, müssen die Vorgaben im Gegensatz zum alten Grünstromprivileg nicht mehr monatlich eingehalten werden. Eine Einhaltung der Vorgaben in 8 Monaten ist nunmehr ausreichend.[27] Andererseits kann das Grünstromprivileg auch nicht mehr monatsweise in Anspruch genommen

---

[25] Cosack in: Frenz, Müggenborg, EEG 2013, S. 1327, Rn. 25 / Zurückgehend auf Allrock in: Allrock / Oschmann / Theobald, EEG, § 37, Rn. 30.
[26] Praktisch ist dies aufgrund der Berücksichtigung des 15 Minuten Intervalls nicht möglich. Zur Begründung siehe Teilabschnitt d.
[27] Salje, EEG 2012, S. 1100, Rn.6.

werden, sondern nur noch über ein ganzes Kalenderjahr hinweg. Dies begünstigt eine Nutzung des Grünstromprivilegs im Vergleich zur vorherigen Rechtslage. Zudem stellt der Gesetzgeber heraus, dass die Berechnung der Anteile am Gesamtbedarf der Endverbraucher, unter Bezugnahme auf 15 Minuten-Intervalle, zu verstehen ist. Durch dieses Kriterium wird es faktisch unmöglich, mit einem Anteil von nur 50 % an EE das Grünstromprivileg in Anspruch zu nehmen. Ein EVU muss tatsächlich einen weitaus höheren Anteil von EE in Bezug auf seine Stromerzeugungsmodalitäten bereithalten.[28] Führt man sich vor Augen, dass vor allem die Erzeugung von Strom aus fluktuierender Energie naturbedingt stark schwankt und zu Zeiten einer niedrigen Einspeisung von Wind- und Solarenergie zusätzliche Kohlekraftwerke hochgefahren werden müssen bzw. die Erzeugung von Energie in Kernkraftwerken gesteigert wird, so ist dies nachvollziehbar. Schlussendlich enthält Absatz I Nr. 1 noch eine Einschränkung der Anrechnung von Strom aus solarer Strahlungsenergie, welcher Anlagen entstammt, die nach dem 31.03.12 in Betrieb gegangen sind. Anrechenbar ist insofern nur die in § 33 I EEG genannte Menge von maximal einem Megawatt.

b) Das Übermittlungserfordernis

Aus Absatz I Nr. 2 resultiert zudem ein Übermittlungserfordernis, durch welches die voraussichtlich durch das EVU zu liefernde Strommenge und die Tatsache, ob das EVU die Verringerung der EEG Umlage in Anspruch nimmt, an den regelverantwortlichen ÜNB weitergeleitet werden müssen. Die Meldung muss hierbei bis zum 30. September eines jeden Jahres geschehen. Dies ist erforderlich, da sich somit eine bessere Planung hinsichtlich der Nutzung des Grünstromprivilegs ergibt und die Festsetzung der EEG-Umlage für das nächste Jahr möglich wird.[29]

---

[28] Wieland/Lehnert, ZUR 1/2012, S. 14.
[29] BT-Drucks. 17/6071, S. 83.

c) Voraussetzungsnachweis gem. § 50 EEG

Die dritte Hauptpflicht des Absatzes I ist der Voraussetzungsnachweis (auch Testat), der das Vorliegen der in Absatz I Nr. 1 genannten Lieferquoten, dem ÜNB zu bescheinigen hat. Hierbei kann der ÜNB vom EVU verlangen, dass die Angaben durch einen Wirtschaftsprüfer oder eine sonstige in § 50 genannte Person, geprüft werden. Der Prüfungsbefugte hat die höchstrichterliche Rechtsprechung und die Entscheidungen der Clearingstelle zu beachten. Letztere beschäftigt sich mit Auslegungsfragen, die sich aus der Anwendung des EEG ergeben. Da die Anzahl der Auslegungsfragen durch den sukzessiven Fortschritt der Energiewende zunimmt, beansprucht diese juristische Person des Privatrechts mehr und mehr Steuergelder.[30]

d) Grünstromausweisung nach § 42 EWG

Nach § 42 EnWG sind EVU gegenüber Endverbrauchern verpflichtet, als Anlage zu Rechnungen, auf Werbematerial sowie auf ihrer Website, dem Endverbraucher den Anteil der verschiedenen Energieträger aus Ihrem Erzeugungsspektrum anzugeben. Ferner sind auch Kohlendioxidemissionen und der Anfall radioaktiven Abfalls zu nennen. Ziel des § 42 EnWG ist der Verbraucherschutz.[31] Der Stromabnehmer (lediglich der Endkunde) soll in die Lage versetzt werden, bei seiner Entscheidung, Strom von einem EVU zu beziehen, ökologische und ethische Überlegungen anzustellen.[32] Schließlich geht die Norm auf eine gemeinschaftsrechtliche Vorgabe[33] zurück. Sie trägt somit der Vorstellung des EuGH vom mündigen und aufgeklärten Bürger Rechnung.[34] Durch § 39 I Nr.4 EEG hat der Gesetzgeber eine Möglichkeit zur Vermeidung der Trennung der EEG-Eigenschaft des Stroms von dem Erzeugungslastgang einer EEG-Anlage unter Bezugnahme auf die 15 Minuten-Intervalle gefunden.[35] Die Intention der Regelung besteht folglich darin, eine

---

[30] BT-Drucks 17/6247, S. 2.
[31] Klees, Einführung in das Energiewirtschaftsrecht, S. 331, Rn. 111.
[32] Hellermann in Britz, Hellermann, Hermes, EnWG Kommentar, S. 660, Rn. 5.
[33] Hierbei handelt es sich um Art. 3 VI, Anhang EltRl 03.
[34] Zur Verbraucherrechtssprechung des EuGH siehe: EuGH, C-210/96.
[35] Salje, EEG 2012, S. 1103, Rn. 13.

Deklarierung von EEG-Stromanteilen, die über das tatsächliche Verfügungsvolumen des EVU hinausgehen, zu verhindern.[36]

II. Nebenpflichten

Nachfolgend werden die Nebenpflichten des EVU, welche sich aus Absatz II § 39 EEG ergeben, genauer analysiert. Hierbei wird auch auf die Folgen einer Nichteinhaltung eingegangen. Da sich die Nebenpflichten auf die Direktvermarktung beziehen, welche für EVU die obligatorische Variante der Vermarktung darstellt, wird zunächst jedoch eine Differenzierung zwischen den Vermarktungsformen des EEG vorgenommen und sodann die Direktvermarktung genauer charakterisiert. Abschließend wird auf die in Absatz II genannten Paragraphen näher eingegangen und der Sinn und Zweck von Absatz II Nr. 1 – 4 beleuchtet.

a) Die Entwicklung der Direktvermarktungsnormen im EEG

Das EEG bietet Anlagenbetreiber die Option, zwischen einer Vergütung des Stromverkaufs nach § 16 EEG, der garantierten Einspeisevergütung und der Direktvermarktung zu wählen. Diese Wahlmöglichkeit stand den Anlagenbetreibern bereits im Jahr 2000 zu, als sich im EEG noch keine Norm befand, die sich mit der Direktvermarktung befasste. Hierdurch wurde einem Missbrauch der garantierten Einspeisevergütung Tür und Tor geöffnet. Es ergab sich die Möglichkeit, den Strom zu günstigen Konditionen direkt zu vermarkten. In Niedrigpreiszeiten wurde jedoch die Vergütung nach § 16 EEG beansprucht. Ein solches Verhalten wird in der Literatur in verschiedenen juristischen Situationen, so auch hier, als Rosinenpicken bezeichnet.[37] Diese Lücke im Gesetz musste vom Gesetzgeber geschlossen werden. Dementsprechend wurde zunächst 2009 § 17 in das EEG inkorporiert. Im EEG 2013 finden sich die Regelungen zur Direktvermarktung schließlich in den §§ 33a – 33i. Nachfolgend soll die Funktionsweise und Anreizwirkung zwischen den beiden Vermarktungsformen herausgearbeitet werden.

---

[36] Salje, EEG 2012, S. 1103, Rn. 14.
[37] Wieland/Lehnert, ZUR 1/2012, S. 4-5.
Ebenso: Ekardt/Henning in: Frenz, Müggenborg, EEG 2013, S. 1160, Rn. 1.

1. Der Vergütungsanspruch nach § 16 ff. EEG

Das Vergütungsmodell der Zahlung einer gesetzlich garantierten Einspeisevergütung seitens des ÜNB an Anlagenbetreiber stellt die Urform der Förderung von EE-Anlagen dar. Konkret wird der jeweilige ÜNB dazu verpflichtet, Anlagen die Strom aus EE oder Grubengas erzeugen, an ihr Netz anzuschließen und den eingespeisten Strom unter Zahlung einer gesetzlich festgelegten Vergütung für 20 Jahre zuzüglich des Jahres der Inbetriebnahme (§ 21 II EEG) abzunehmen. Die Vergütungsmodalitäten für die einzelnen Energieträger sind hierbei in den §§ 23 – 32 EEG inkorporiert worden. Zu beachten sind ferner die Bestimmungen der §§ 20 und 20b EEG, in denen eine Absenkung der Vergütung im Allgemeinen sowie mit konkretem Bezug auf die Erzeugung solarer Strahlungsenergie geregelt werden. Schlussendlich ist für Anlagenbetreiber auch § 17 EEG relevant, da hier eine Verringerung des Vergütungsanspruchs bzw. ein totaler Ausschluss dessen bei Pflichtverstößen des Anlagenbetreibers näher bestimmt wird. Sofern Anlagenbetreiber den Strom nach § 16 ff. EEG verkaufen, wird hierdurch die Inanspruchnahme des Grünstromprivilegs durch das EVU wegen § 39 II Nr. 1 ausgeschlossen. In diesem Sinne ist das EVU darauf angewiesen, dass seitens des Anlagenbetreibers der Strom direkt vermarktet wird.

2. Die Direktvermarktung nach § 33a ff. EEG

Die Direktvermarktung, 2012 in das EEG eingefügt, begründet einen gänzlich neuen Weg der Vermarktung. Durch dieses neue Förderinstrument soll die Markt- und Systemintegration von EE erfolgen.[38] Mit dem zunehmenden Anteil der EE an der Gesamtstromerzeugung, wird dies auch notwendig, schließlich stammt mittlerweile etwa 25% des Stroms in Deutschland aus EE-Anlagen.[39] Dem Gesetzgeber ist es dabei nicht entgangen, die Probleme anzugehen, die sich hinsichtlich einer bedarfsgerechten Stromversorgung durch EE ergeben. Schließlich gibt es momentan noch keine praxisreife Lösung, die eine dementsprechende Versorgung bei einem wesentlich höheren Anteil an EE sicherstellen kann. Sicherlich werden Speichertechnologien und

---

[38] Wieland/Lehnert, ZUR 1/2012, S. 4.
[39] Energie Recht – Zeitschrift für die gesamte Energierechtspraxis, Heft 03/2012, S. 119.

„intelligente Netze", auch Smart-Grids genannt, sowie die noch im Erprobungsstadium befindliche power-to-gas Technologie hierbei eine tragende Rolle übernehmen. Aber auch § 33i EEG welcher sich mit der Flexibilitätsprämie befasst, wird zur Realisierung dieser Zielsetzung beitragen. Wie bereits angesprochen wurde, ist das Aufkommen von Strom aus fluktuierender Energie nicht steuerbar. Der Bedarf der Stromverbraucher und die Erzeugung von Strom durch EE-Anlagen können somit auch gerade konträr sein.[40] Die Betreiber einer Biogasanlage haben die Möglichkeit i.d.S. eine Prämie für die Bereitstellung von Leistungskapazitäten zu verlangen, die für eine bedarfsgerechte Erzeugung relevant sein können. Für alle anderen Formen der EE wird die Marktprämie nach § 33 g EEG relevant. Sofern ein Anlagenbetreiber Strom aus EE bzw. Grubengas an einen Dritten verkauft, kann er hierfür neben dem Verkaufserlös die Zahlung einer sogenannten Marktprämie durch den Netzbetreiber verlangen. Diese Prämie wird jeden Monat vom Netzbetreiber erneut berechnet und an den Anlagenbetreiber gezahlt.[41] Langfristig ist davon auszugehen, dass die Vorschriften zur Direktvermarktung im Vergleich zu denen der Einspeisevergütung mehr und mehr in den Focus rücken.[42]

b) Anforderungen an Anlagenbetreiber nach § 39 II Nr. 1 – 4 EEG

1. Direktvermarktung nach § 33 b Nr. 2 EEG

In § 33 b EEG werden abschließend drei Formen der Direktvermarktung aufgeführt, die einem Anlagenbetreiber zur Wahl offen stehen.[43] Zu unterscheiden ist zwischen der Direktvermarktung zur Inanspruchnahme der Marktprämie, die "direkte Förderung der Direktvermarktung", der Direktvermarktung zur Inanspruchnahme des Grünstromprivilegs durch ein EVU (in diesem Sinne wird auch von indirekter Förderung gesprochen) und der sonstigen Direktvermarktung.[44] Der Gesetzeswortlaut ist in § 39 II Nr. 1 EEG klar und deutlich. Gefordert wird eine Direktvermarktung i.S.v. § 33 b

---

[40] Ausführlich hierzu: Teil C III c.
[41] Drysch/Rosarius, Investitionen in Erneuerbare Energien, S. 52.
[42] Ekardt/Henning in: Frenz, Müggenborg, EEG 2013, S. 1163, Rn. 3.
[43] Ekardt/Henning in: Frenz, Müggenborg, EEG 2013, S. 1169, Rn. 1.
[44] Ekardt/Henning in: Frenz, Müggenborg, EEG 2013, S. 1170, Rn. 2.

Nr. 2 EEG durch den Anlagenbetreiber. Der Anlagenbetreiber profitiert dann nicht von der Marktprämie, jedoch von einer günstigeren Preisgestaltung seitens des EVU.[45] Die Intention des Gesetzgebers bei der Fassung von § 39 II Nr. 1 ist darin zu sehen, die Direktvermarktung insgesamt zu etablieren und so die Marktintegration von EE zu bewirken.

2. Einhaltung der Pflichten des § 33c EEG

Eine weitere Voraussetzung ist die Einhaltung der Pflichten des Anlagenbetreibers, die sich aus § 33 c EEG ergeben. Absatz I der Vorschrift gilt hierbei für alle Formen der Direktvermarktung, einschließlich der sonstigen Direktvermarktung. Absatz II jedoch nur für solche Anlagenbetreiber, die entweder die Marktprämie beanspruchen, oder den Strom an ein EVU direktvermarkten, damit dieses das Grünstromprivileg in Anspruch nehmen kann. In Absatz I wird zunächst darauf Bezug genommen, dass Strom, der über eine gemeinsame Messeinrichtung abgerechnet wird, insgesamt direkt vermarktet werden muss. Dieses Erfordernis konfrontiert vor allem Betreiber von Windparks mit Problemen. Sie müssen entweder den gesamten Strom des Parks über die Direktvermarktung abwickeln oder etwa zusätzliche Messeinrichtung installieren lassen, wodurch Sie finanziell belastet werden. Dies ist der Fall, da die Energie von Windparks oft über ein gemeinsames Umspannwerk eingespeist wird. Gerade dort wird aber auch die Einspeiseleistung gemessen. Der Gesetzgeber beabsichtigt mit der Regelung jedenfalls eine Vereinfachung der Abrechnung, als auch die Verhinderung von Missbrauch.[46] Nach Absatz II Nr. 1 muss für den Strom auch ein Vergütungsanspruch nach § 16 EEG bestehen, welcher nicht durch § 17 EEG verringert sein darf. Weiterhin darf kein vermiedenes Netzentgelt in Anspruch genommen werden. Desweiteren muss die Anlage, in welcher der Strom erzeugt wird, auch mit technischen Einrichtungen ausgerüstet sein, mit deren Hilfe der Netzbetreiber die Möglichkeit erhält, die Einspeiselast ferngesteuert zu reduzieren und ferner auch die Ist-Einspeisung abrufen kann. Dies folgt aus den §§ 33 c II Nr. 2, 6 I Nr. 1, 2. Schlussendlich muss die Ist-Einspeisung im

---

[45] Ekardt/Henning in: Frenz, Müggenborg, EEG 2013, S. 1172, Rn. 5.
[46] Wieland/Lehnert, ZUR 1/2012, S. 7.

Viertelstundentakt gemessen und in Bilanz und Unterbilanzkreisen bilanziert werden, in welchen ausschließlich Strom erfasst wird, der zur Inanspruchnahme der Marktprämie durch den Anlagenbetreiber oder des Grünstromprivilegs durch das EVU direkt vermarktet wird. Ziel dieser zahlreichen Regelungen ist es, das bereits angesprochene „Rosinenpicken" zu verhindern (s.o.). Die Pflichten sind zweifelsfrei mit einem hohen bürokratischen Aufwand verbunden. Dass sie seitens des Anlagenbetreibers eingehalten werden, ist jedoch, wie sich in Nr. 5 dieses Teilabschnitts zeigen wird, höchst bedeutend.

3. Anzeige des Wechselns in die Direktvermarktung nach § 33 d EEG

Desweiteren wird durch Absatz II Nr. 3 klargestellt, dass der Anlagenbetreiber bei einem Wechsel der Vermarktungsform[47] hin zur Inanspruchnahme des Grünstromstromprivilegs durch ein EVU, diesen Wechsel dem Netzbetreiber anzuzeigen hat. Die Anzeige hat einerseits fristgerecht, andererseits unter bestimmten Formvorschriften zu erfolgen. Die Frist ergibt sich aus Absatz II. Demnach ist ein Wechsel zu „Beginn des jeweils vorangegangenen Kalendermonats" zu melden. Konkret bedeutet dies, dass etwa ein beabsichtigter Wechsel zum 01.07.13 bis zum 31.05.13 anzuzeigen wäre. Die Form der Meldung betreffend, ist Absatz IV der Vorschrift zu beachten und somit das einheitliche Verfahren zu verwenden. Die vorher bestehende Möglichkeit, die Meldung formfrei vorzunehmen, besteht daher nicht mehr.[48] Ein Anzeigen des Wechsels ist bereits für die Kalkulation der EEG-Umlage durch den ÜNB notwendig.

---

[47] In Frage kommt hier nach § 33 d I Nr. 1, 2 EEG ein Wechsel von der Vergütung nach § 16 EEG sowie von den Vermarktungsformen nach § 33 b Nr. 1, 3 EEG hin zur Direktvermarktung nach § 33 b Nr. 2 EEG.

[48] Ekardt/Henning in: Frenz, Müggenborg, EEG 2013, S. 1189, Rn. 1.

4. Ausschluss eines Verstoßens gegen § 33 f I EEG

Zuletzt muss der Anlagenbetreiber, falls er eine anteilige Direktvermarktung durchführt, seine Pflichten aus § 33 f I einhalten. Er hat demenentsprechend die Prozentsätze, die auf die einzelnen Vermarktungsformen entfallen, in einer Mitteilung dem Netzbetreiber zu melden und muss diese auch dokumentieren und einhalten. Diese Bedingung trägt ebenfalls den vorgenannten Zielen Rechnung (s.o.).

5. Rechtsfolge der Nichteinhaltung von Voraussetzungen

Nachdem nun die umfangreichen Pflichten des Anlagenbetreibers dargestellt wurden, ist abschließend die Frage aufzuwerfen, was geschieht, sofern diese nicht eingehalten werden. Der Gesetzgeber ist hier zu einer konsequenten und strengen Regelung gekommen. Soweit ein Pflichtverstoß vorliegt, darf die jeweilige Strommenge im gesamten Kalendermonat nicht angerechnet werden. Das EVU kann dann gegebenenfalls die prozentualen Anteile an EE nach § 39 I Nr. 1 a, b im Jahresschnitt nicht einhalten, wodurch das Grünstromprivileg eventuell nicht in Anspruch genommen werden kann. Soweit die Anteile an EE aber in 8 Kalendermonaten eingehalten werden, ist eine Nichtanrechnung unproblematisch.[49] Die Rechtsfolge wird dem EVU in § 39 II S. 2 vor Augen geführt. Sie ist jedoch auch in den entsprechenden Paragraphen enthalten, welche die Pflichten der Anlagenbetreiber genauer erläutern. Insofern wird dort auf § 39 II EEG verwiesen.

III. Das solare Grünstromprivileg

Aus § 39 EEG ergeben sich 2 Wege, die letztendlich zu einer Befreiung von der EEG Umlage um bis zu 2 Cent je kWh führen können. Neben der bereits ausführlich dargestellten Variante nach § 39 Absatz I enthält Absatz III Ausführungen zum sogenannten solaren Grünstromprivileg. Absatz III wurde im Rahmen der letzten Gesetzesnovelle 2012 eingefügt und soll EVU, die Solarstrom veräußern und diesen nicht in ein Netz einleiten, zur Inanspruchnahme des Grünstromprivilegs befähigen. Diesem Ziel stand

---

[49] Salje, EEG 2012, S. 1106, Rn. 23.

ursprünglich § 33 a II EEG a.F. entgegen.[50] Die Schaffung einer dementsprechenden Vorschrift ist nachvollziehbar. Schließlich führt der Verbrauch von Solarstrom vor Ort zu einer Entlastung der Übertragungsnetze, die ohnehin nicht in dem erforderlichen Maß ausgebaut werden.[51] Selbst der Vizepräsident der Bundesnetzagentur gesteht sich ein, dass Engpasssituationen im Netz bestehen und die Garantie der Netzstabilität eine große Herausforderung darstellt.[52] Die 4 Voraussetzungen, die ein EVU zu erfüllen hat, um eine Verringerung der EEG-Umlage gegenüber dem ÜNB zu erreichen, sollen nachfolgend diskutiert werden.

a) Prinzip der Ausschließlichkeit

Die erste Voraussetzung nach Absatz III Nr. 1, a ist zunächst wenig interpretationsbedürftig. Das EVU muss an Endverbraucher im betroffenen Kalendermonat ausschließlich Strom aus solarer Strahlungsenergie liefern. Ein Vergütungsanspruch für diesen Strom nach § 16 EEG ist obligatorisch. Dieser darf ferner nicht durch § 17 EEG verringert sein. Eine Verringerung nach § 17 EEG kommt aus vielfältigen Gründen in Betracht. Exemplarisch genannt werden sollen hier nur die Verringerung wegen der Nichtbeachtung von technischen Vorgaben (Es müssen technische Einrichtungen vorhanden sein durch welche sich die Ist-Einspeisung abrufen lässt und weiterhin auch die Einspeiseleistung ferngesteuert reduziert werden kann) und der nicht durchgeführten Registrierung als geförderte Anlage. Letztendlich wird darauf verwiesen, dass die Regelung zur Vergütungsbegrenzung aus § 33 I EEG nicht anzuwenden ist.

b) Kriterium der unmittelbaren Nähe

Weiterhin muss der Strom durch die Letztverbraucher in unmittelbarer Nähe zur Anlage verbraucht werden. Die Netzdurchleitung wird ausgeschlossen. Zunächst muss man sich die Frage stellen, an welche Situationen dementsprechend gedacht werden kann. Cosack führt als Beispiel die

---

[50] Cosack in: Frenz, Müggenborg, EEG 2013, S. 1330, Rn. 46.
[51] Hierzu näher: Teil III d.
[52] Energie Recht – Zeitschrift für die gesamte Energierechtspraxis, Heft 02/2012, S. 75.

Versorgung des Mieters mit Solarstrom durch den Vermieter an.[53] Ein weiteres Beispiel, in dem Solarstrom in größerem Umfang geliefert wird, kann die Direktlieferung von Strom aus solarer Strahlungsenergie durch ein Unternehmen sein, welches Hallen an Gewerbeunternehmen vermietet und diesen gleichzeitig den auf den Dächern erzeugten Strom verkauft. Diskussionsbedürftig ist jedoch, was man unter dem unbestimmten Rechtsbegriff der unmittelbaren Nähe zu verstehen hat. Es stellt sich die Frage, ob der Strom im gleichen Gebäude verbraucht werden muss, in welchem er auch erzeugt wird oder ob eine weitere Auslegung des Begriffs angebracht ist. Der Begriff wurde bereits mehrfach von der Clearingstelle/EEG konkretisiert. Zur Interpretation des Begriffs kann die Empfehlung der Clearingstelle vom 29.11.11 herangezogen werden. Diese bezieht sich zwar auf § 33 II EEG 2009, gilt jedoch sinngemäß auch für § 39 III EEG. Insbesondere wurde ausgeführt „ein Verbrauch in „unmittelbarer räumlicher Nähe" erfolge dann, wenn der in der Solarstromanlage erzeugte Strom nicht über ein Netz für die allgemeine Versorgung zu der oder dem Dritten gelange. Von einem Verbrauch in „unmittelbarer räumlicher Nähe" sei nur dann nicht mehr auszugehen, wenn sich der Netzverknüpfungspunkt der Solarstromanlage und die Anschluss/Entnahmestelle … nicht innerhalb desselben Netzbereichs im Netz für die allgemeine Versorgung befänden".[54] In diesem Sinne ist bei einer Beurteilung auf den Netzverknüpfungspunkt und den Netzbereich abzustellen. Abzuwarten bleibt, ob zukünftig gerichtliche Entscheidungen, die momentan noch nicht bestehen, zu der gleichen Auffassung kommen werden.[55]

c) Veräußerung ohne Netzdurchleitung

In § 39 III Nr. 1 b wird neben dem Kriterium der räumlichen Nähe gefordert, dass der Strom nicht durch ein Stromnetz geleitet wird. Die explizite Nennung dieser Anforderung trägt einem eher naturbedingten Hintergrund bei der Energiewende Rechnung. Schließlich ergibt sich deutschlandweit eine sehr asymmetrische Verteilung der Anlagen zur Erzeugung von EE.[56] Vor allem

---

[53] Cosack in: Frenz, Müggenborg, EEG 2013, S. 1330, Rn. 46.
[54] Clearingstelle EEG, Empfehlungsverfahren 2011/2/1, S. 2.
[55] Cosack in: Frenz, Müggenborg, EEG 2013, S. 1331, Rn. 52.
[56] Fischedick/Hennicke, Erneuerbare Energien, S. 80.

von Windenergieanlagen, die einen wesentlichen Anteil an der Versorgung durch EE tragen. Schließlich befindet sich ein Großteil der Windenergieanlagen[57] im Norden des Landes, insbesondere alle Offshore-WEA, während im Süden des Landes, mit einer weitaus höheren Bevölkerungs- und Industriedichte, viel mehr Strom verbraucht wird als in Norddeutschland. Diese Diskrepanz macht den Netzausbau erforderlich, um den bedarfsgerechten Transport des Stroms zu gewährleisten. Der Ausschluss der Netzdurchleitung aufgrund von § 39 III Nr. 1 b trägt demnach dazu bei, dass die Netzkapazitäten nicht zusätzlich von der Einspeisung solarer Strahlungsenergie betroffen sind, als unbedingt notwendig ist.

d) Übermittlung der Inanspruchnahme

Zuletzt muss das EVU den regelverantwortlichen ÜNB über die erstmalige Inanspruchnahme des Grünstromprivilegs informieren. Die Voraussetzung übernimmt dieselbe Funktion wie die Hauptpflicht des regulären Grünstromprivilegs aus § 39 I Nr. 2 EEG, ist jedoch nicht so umfangreich wie diese. Die Meldung muss bis zum letzten Tag des Monats geschehen sein, der dem Monat der Inanspruchnahme vorausgeht.

IV. Pflicht des ÜNB zur Schaffung eines Übermittlungsverfahrens

Als abschließenden Bestandteil enthält Absatz IV des Paragraphen 39 EEG eine Regelung, welche ÜNB dazu verpflichtet, Verfahren für die automatisierte elektronische Übermittlung der Meldung zur Inanspruchnahme des Grünstromprivilegs, entweder für das reguläre Grünstromprivileg nach § 39 I Nr. 2, oder für das solare Grünstromprivileg nach § 39 II Nr. 2, zu schaffen. Diese sollen bundesweit einheitlich sein. Im Gegensatz zur Meldung des Wechsels zwischen verschiedenen Formen der Vermarktung nach § 33 d EEG, welche für die Anlagenbetreiber relevant sein kann, die den Strom an das EVU liefern, kommt hier gerade keine formlose Meldung in Betracht. Die

---

[57] Nachfolgend WEA abgekürzt.

Anlagenbetreiber könnten die Meldung i.S.v. § 33 d EEG auch telefonisch oder per E-Mail durchführen.[58]

V. Übergangsbestimmungen

Hinsichtlich der Handhabung des Grünstromprivilegs bestehen Übergangsvorschriften, auf welche durch § 39 EEG nicht explizit hingewiesen wird. Sie sind in § 66 XVI EEG zu finden. Im Ergebnis ergibt sich für EVU, die bestimmte Anforderungen erfüllen, die Möglichkeit, bis zum Ende des Jahres 2013 von einer gänzlichen Befreiung von der EEG-Umlage zu profitieren. Anders als in § 39 EEG, werden dem EVU hierbei jedoch meistens mehrere Erfüllungsoptionen offeriert. So muss der Strom etwa nach § 66 XVI Nr. 1 b EEG von den Endverbrauchern in unmittelbarer räumlicher Nähe zur Anlage verbraucht werden. Alternativ darf er nicht durch ein Netz durchgeleitet worden sein.

D. Fazit

Das Ziel eines wirtschaftlich und liberal organisierten Strommarktes ist darin zu sehen, den Bedarf der Endverbraucher zu decken, ohne übermäßige Reservekapazitäten vorzuhalten.[59] Die erst vor kurzen eingefügten Vorschriften zur Direktvermarktung tragen zu dieser Zielsetzung bei. Das Grünstromprivileg ist hierbei in seiner jetzigen Fassung nicht mehr von der Direktvermarktung zu trennen, denn eine Inanspruchnahme des Grünstromprivilegs ist nur dann möglich, wenn der Anlagenbetreiber den Strom direkt an ein EVU vermarktet. In diesem Sinne übernimmt das Grünstromprivileg eine wichtige Steuerungsfunktion im Rahmen des EEG. Es beeinflusst gar die Entscheidung eines Konzerns zur Gründung von Tochtergesellschaften, damit die entsprechenden Tochtergesellschaften von der Inanspruchnahme des Grünstromprivilegs profitieren können.[60] Das Grünstromprivileg existiert allerdings nicht erst seit dem Bestehen der Vorschriften zur Direktvermarktung im EEG. Das alte Grünstromprivileg des

---

[58] Wieland/Lehnert, ZUR 1/2012, S. 6.
[59] Hennicke/Fischedick, Erneuerbare Energien, S. 80.
[60] Cosack in: Frenz, Müggenborg, EEG 2013, S. 1325, Rn. 15.

EEG 2009 war noch in § 37 EEG verankert und stellte den EVU eine Befreiung von der gesamten EEG-Umlage in Aussicht. Seitdem wurde das Grünstromprivileg grundlegend überarbeitet. Zwischenzeitlich wurde nichtsdestotrotz bereits eine Abschaffung des Grünstromprivilegs diskutiert. Dies ist nachvollziehbar, wenn man sich vor Augen führt, dass einerseits privilegierte EVU vom Grünstromprivileg profitieren, andererseits aber nicht-privilegierte EVU mit einem zu geringen Anteil an EE sowie im Wesentlichen die Endverbraucher durch das Grünstromprivileg mit zusätzlichen Kosten belastet werden.[61] Dies ist auch dem Gesetzgeber nicht verborgen geblieben. Dementsprechend wurde das Grünstromprivileg in den letzten EEG Novellen stetig überarbeitet, bis schließlich eine Deckelung der Umlagebefreiung eingeführt wurde und somit einem weiteren drastischen Anstieg der EEG Umlage entgegengewirkt werden konnte. Verfolgt man die Auswirkung des Grünstromprivilegs im Jahr 2011, so stellt man fest, dass allein durch dieses Förderinstrument Kosten i.H.v. 300.000.000,- € entstanden sind. Dies führte im Endeffekt zu einer Mehrbelastung nicht-privilegierter Endverbraucher durch eine Erhöhung der EEG-Umlage um 0,1 ct/kWh.[62] Aufgrund von sinkenden Börsenpreisen[63] für Graustrom[64], weitgehend auf den Merit-Order-Effekt zurückzuführen,[65] wird das Grünstromprivileg jedoch zunehmend unattraktiver. Einen Ausgleich für diese börsenbedingte Minderung der Attraktivität bietet jedoch ein potentielles Ansteigen der EEG-Umlage. Dies jedoch nur, falls die Deckelung der Umlagebefreiung nicht beibehalten wird.

Momentan leistet das Grünstromprivileg neben anderen Förderinstrumenten wie der garantierten Einspeisevergütung sowie der Markt- und Flexibilitätsprämie jedoch einen Beitrag zur erfolgreichen Realisierung der Energiewende und eines liberal sowie wirtschaftlich organisierten Strommarktes. Zu betonen ist jedoch, dass es sich bei den vorgenannten Maßnahmen nicht um Subventionen handelt, es kann lediglich von

---

[61] Wieland/Lehnert, ZUR 1/2012, S. 14.
[62] Cosack in: Frenz, Müggenborg, EEG 2013, S. 1323, Rn 4.
[63] Gehandelt wird Strom an der EPEX in Leipzig (Drysch, Rosarius, Investitionen in Erneuerbare Energien, S. 52).
[64] Hierunter versteht man Strom der nicht EE entstammt, sondern durch Kohle- bzw. Atomkraftwerke erzeugt wurde.
[65] Energie Recht – Zeitschrift für die gesamte Energierechtspraxis, Heft 03/2012, I.

Förderinstrumenten gesprochen werden, die letztendlich nicht-privilegierte Verbraucher und nicht-privilegierte EVU belasten.[66] Das Grünstromprivileg kann in diesem Sinne als indirekte Fördermaßnahme der Direktvermarktung bezeichnet werden.[67] Ohne eine Belastung der nicht-privilegierten, ist eine Erreichung der Klimaschutzziele des Bundes jedoch nicht möglich, da nach dem jetzigen Stand der Technik die Bereitstellung von Grünstrom, vor allem von solchem aus fluktuierenden Energiequellen, nur zu deutlich höheren Kosten im Vergleich zur Produktion von Graustrom möglich ist. In diesem Sinne ist hervorzuheben, dass die Förderinstrumente des EEG zahlreiche Arbeitsplätze in der Energiebranche geschaffen haben und der Anteil der EE an der Gesamtstromproduktion stetig steigt. Weiterhin ist nicht zu verneinen, dass ein höherer Anteil an EE die Bundesrepublik Deutschland unabhängiger von Öl- und Gasimporten macht.[68] Auch ist darauf hinzuweisen, dass durch die Emission von Kohlendioxid, wesentlich durch Kohlekraftwerke beeinflusst, der Klimawandel vorangetrieben wird und durch ihn wesentlich höhere Kosten entstehen könnten als dies bei einer Transformation der Energieversorgung der Fall wäre. Gerade dies soll verhindert werden, denn die Kosten des Klimawandels fallen unfraglich den Industrienationen zu.[69] In diesem Sinne ist das Grünstromprivileg als notwendiges Förderinstrument anzusehen und zu befürworten. Die Akzeptanz des novellierten Grünstromprivilegs seitens der EVU und der Anlagenbetreiber ist indessen abzuwarten. Schließlich ergibt sich für letztere auch die Möglichkeit, die Marktprämie zu beanspruchen.

---

[66] IWR Presseinfo, <http://www.iwr-institut.de/presse/presseinfos-energiewende/erneuerbare-energien-werden-subventioniert-staat-zahlt-keinen-cent>, besucht am 28.05.13/ 11:20.
[67] Ekardt/Henning in: Frenz, Müggenborg, EEG 2013, S. 1164, Rn. 4.
[68] Hennicke/Fischedick, Erneuerbare Energien, S. 13.
[69] Hennicke/Fischedick, Erneuerbare Energien, S. 27.

Literaturverzeichnis

Bücher

Britz, Hellermann, Hermes (Hrsg.)   EnWG, Kommentar, 2010, 2. Auflage
                                         2012, München

Drysch/Rosarius   Investitionen in Erneuerbare
                                         Energien, 1. Auflage 2012, Bonn

Fischedick Manfed/   Erneuerbare Energien, 1. Auflage
                                         2007, Bonn
Hennicke Peter

Frenz/Müggenborg (Hrsg.)   EEG, Kommentar 2013, 3. Auflage,
2013, Berlin

Klees, Andreas   Einführung in das
                                         Energiewirtschaftsrecht, 1. Auflage,
                                         2012, Frankfurt am Main

Röhrlich, Dagmar   Die Spur des Menschen, 1. Auflage,
2009, Bonn

Salje, Peter   EEG, Kommentar 2012, 6. Auflage,
                                         2012, Köln

Aufsätze, Sonstiges

Cosack, Tilman   Interview mit Frau Hildegard Müller,
                                         Vorsitzende der
                                         Hauptgeschäftsführung des BDEW,
                                         ER 01/2013, S. 28.

Cosack, Tilman   Interview mit Herrn Peter Franke,
                                         Vizepräsident der Bundesnetzagentur,
                                         ER 02/2012, S. 75.

Cosack, Tilman

Interview mit Herrn Andreas Mundt, Präsident des Bundeskartellamts, ER 03/2012, S. 119.

eT Redaktion

Erneuerbare Energien – immer mehr, immer mehr, eT 11/2012, S. 63.

Lehnert, Wieland

Markt- und Systemintegration der Erneuerbaren-Energien: Eine rechtliche Analyse der Regeln zur Direktvermarktung, ZUR 1/2012, S. 4.